KB191035

오늘도 반드시 살아남는다

곽경훈 감수
정민영 그림

인생2회차
지음

어떻게든
살아남는다

인생2회차의 일상을 지키는 안전 가이드

포르체

당신의 건강과 안전을 기원하며

안녕하세요. 인생2회차입니다.

유튜브 〈인생2회차〉 채널은 '매일같이 발생하는 사건·사고로부터 어떻게 하면 목숨을 지킬 수 있을까?'라는 고민에서 시작되었습니다. 차가 물에 빠졌다면 무엇부터 해야 하는지, 화상을 입었을 때 어떻게 대처해야 하는지 등 일상에 돌발적으로 발생할 수 있는 위험한 상황이 많습니다. 사건이 단 한 번 발생해도 생명까지 위협하기도 합니다. 그러나 우리는 대처 방법을 제대로, 알기 쉽게 교육받은 적이 없습니다.

그래서 이를 유튜브 영상으로 제작하기 시작했습니다. 실제로 영상을 본 덕분에 목숨을 구했다는 후기를 들으며 '세상에 수많은 일이 있지만 누군가의 생명을 구할 수 있다면 이보다 더 의미 있는 일이 있을까?'라는 생각이 들었습니다. 그래서 더욱 정확한 정보를 전달하기 위해 지금도 부지런히 노력 중입니다.

영상으로만 존재하던 이야기를 책으로 쉽게 펼쳐 볼 수 있다면 더 많은 사람이 안전하고 평안한 삶에 가까워질 수 있을 것입니다. 이것이 제가 책을 출간하는 이유입니다.

언젠가 나에게도 닥칠 수 있는 비상 상황에 대비해 책에 담긴 내용을 조금이라도 숙지한다면 일상에 큰 도움이 되리라 생각합니다. 물론, 가장 희망하는 것은 이 글을 읽고 계신 모든 분에게 이 책에 묘사된 갖가지 상황이 발생하지 않는 것입니다. 독자님들의 건강과 안전을 기원합니다.

목차

1장
교통수단

2장
건강과 감염

3장
동물

4장
자연재해와 재난

5장
일상 사고

6장
범죄, 테러, 전쟁

교통수단

급발진 차에서
살아 나오는 방법

차가 급발진하는 순간, 세 가지만 기억하세요.

첫째, 가장 중요한 것은 브레이크 밟는 방법입니다. 브레이크를 나눠서 밟으면 절대 안 됩니다. 온 힘을 다해 세게 밟아서 브레이크의 압력이 제대로 전달되도록 하는 것이 중요합니다. 이때 브레이크가 굳는 현상이 발생하기도 하는데, 두 발로 체중을 실어서 힘껏 밟아 주어야 합니다.

둘째, 기어를 중립(N)으로 놓아 엔진에서 바퀴로 이어지는 동력을 차단하세요. 기어를 주차(P)로 변환하면 핸들이 잠겨 버릴 수 있습니다.

셋째, 사이드 브레이크를 활용하세요. 버튼이라면 당기면 되고, 레버라면 끊어서 올려야 차가 미끄러지지 않습니다. 여기까지 해도 차가 멈추지 않는다면 최후의 수단은 중앙 분리대나 가드레일 옆을 긁으면서 속도를 서서히 낮추는 것입니다.

응급의학과 전문의 Tip

- -
전봇대, 가로수, 가로등과 같은 수직 구조물에 부딪히면 에너지가 집중되어 치명적인 손상을 입으므로 최대한 피해야 합니다.

2차 교통사고를 예방하는 방법

교통사고 자체보다 더 치명적인 것은 그 뒤에 바로 이어지는 2차 사고입니다. 고속 도로에서 사고가 나면, 갓길로 차를 뺀 뒤 비상 깜빡이를 켜고 트렁크를 연 채 재빨리 안전한 곳으로 대피하세요. 낮에는 이렇게만 조치해도 되지만 문제는 어두운 밤입니다. 이때 안전 삼각대를 설치하는 건 위험하므로 절대 하면 안 됩니다. 설치하러 가는 도중, 작아서 보이지 않는 차에 치일 수 있습니다.

가드레일 밖에서 손전등을 비추면 어떨까요? 이곳도 언제든 차가 튕겨 나올 수 있기에 안전지대는 아닙니다. 가장 좋은 방법은 다른 차량이 사고 현장을 바로 알 수 있도록 아주 큰 물체를 노출하고, 몸을 멀리 피하는 것입니다. 설치 후 안전한 곳에서 '한국 도로 공사(1588-2504)'에 신고해 무료 견인 서비스를 받으세요.

응급의학과 전문의 Tip

- -

만약 터널 안에서 사고가 났다면 운전자나 동승자는 지대가 높은 공동구 위로 이동하는 것이 안전합니다.

물에 빠진 차에서
탈출하는 방법

마지막 기회

30cm

차가 물에 잠기는 순간 수압 때문에 절대 문을 열 수 없습니다. 전력이 차단돼서 창문도 내려가지 않죠. 물에 빠진 차에서 살아남기 위해 세 가지 단계를 꼭 기억하세요.

　1단계, 차가 기울어지는 방향의 반대편으로 이동해서 공간과 산소를 확보하세요.
　2단계, 머리 받침대를 뽑아 창문을 깨뜨리세요. 창문은 옆 유리가 가장 약하며, 힘이 모이는 중앙이 아닌 가장자리를 있는 힘껏 내리쳐야 합니다.
　3단계, 만약 창문 깨기에 실패했다고 해도 탈출할 수 있는 마지막 기회가 남았습니다.
　차가 물에 더 잠기기를 기다리세요. 차 밖과 안의 수위 차이가 30cm 이내로 줄었을 때가 기회입니다. 온 힘을 다해 문을 밀치고 탈출하세요.(비상 망치를 미리 차 안에 구비해 두는 것이 가장 좋습니다.)

응급의학과 전문의 Tip
- -
차량 바닥에 배터리가 집중 배치된 전기차의 경우, 폭우 시 운전을 삼가야 합니다.

물에 잠기는 버스에서 탈출하는 방법

달리던 버스가 침수되기 시작했다면 주저하지 말고 단 1초라도 빨리 내부에서 탈출하는 게 좋습니다. 그러나 문제는 문이 열리지 않을 때입니다.

우선, 출입문 근처에 있는 비상 밸브를 수동으로 돌려 문을 엽니다. 이마저 어렵다면 버스 앞뒤로 부착된 총 4개의 비상 망치로 창문을 깨세요. 짙게 선팅된 버스라면 망치로 내리쳐도 창문이 깨지지 않아 당황할 수 있는데요. 이때는 작은 구멍만 낸 뒤 발로 차면 통째로 떨어져 나갑니다. 망치도 못 찾겠다면 문 앞에 있는 소화기를 활용해 창문을 깨세요.

응급의학과 전문의 Tip

- -

창문을 통해 빠져나왔다면, 물이 들어오는 반대편으로 신속히 이동해 탈출합니다.

비행기 사고에서 살아남는 방법(육지 추락)

비행기가 갑자기 추락하기 시작했다면, 가장 먼저 해야 할 것은 충격 시 몸을 관통할 수 있는 펜, 안경, 벨트 같은 물건들을 모두 제거하는 것입니다. 그다음 안전벨트를 맨 채 그림과 같은 자세를 취해 추락 시 등받이에 머리가 부딪히는 것을 방지하세요. 중요한 것은 2차, 3차 충돌에 대비해 기체가 완전히 멈출 때까지 자세를 유지하는 것입니다.

비상 착륙 후, 목숨을 건졌다 해도 더 위험한 것은 충돌과 동시에 발생하는 화재입니다. 이때 탈출의 골든 타임은 90초입니다. 90초가 지나면 비행기 내부에 산소가 급속도로 공급되며, 순식간에 기내가 화염에 휩싸이게 됩니다. 실제 승무원들도 '골든 타임 90초'를 기준으로 비상시 탈출 훈련을 합니다.

탈출에 성공했다고 해도 아직 안심하긴 이릅니다. 바로 이어지는 폭발에 대비해, 바람이 불어오는 방향으로 최소 150m를 벗어나세요.

응급의학과 전문의 Tip

- -

부드러운 복부보다는 골반에 안전벨트를 해야 응급상황에 더 단단히 고정되어 사고 확률을 줄일 수 있습니다.

비행기 사고에서 살아남는 방법(바다 추락)

비행기가 바다로 추락한다면 장기를 찌를 수 있는 뾰족한 것들을 제거하고 충격 방지 자세를 취하세요. 충돌 후 목숨을 건졌다 해도 조각난 기내에 순식간에 물이 차오르기 시작하면 위험합니다. 바로 좌석 밑에 있는 구명조끼를 입고 비상구로 향하세요. 반드시 입수 직전 비상구 앞에서 구명조끼에 달린 빨간 줄을 당겨 부풀리세요. 구명조끼를 미리 부풀리면 물이 차오르는 기내에 갇히게 되므로 안 됩니다.

곧 비상 탈출 슬라이드가 펼쳐지고, 구명보트로 분리되지만 파손될 가능성이 있습니다. 그럴 경우 기체와 함께 바다에 빨려 들어가지 않도록 멀리 헤엄치세요. 이후 헬프 자세(겨드랑이와 다리를 몸쪽으로 바짝 붙여 체온 손실을 방지하는 동작)와 허들 자세(헬프 자세를 유지하며 동그란 원을 만드는 동작)로 체온을 지키며 구조를 기다리세요.

응급의학과 전문의 Tip

- -
바다에서 온도 유지를 위한 재킷과 담요가 있다면 가지고 탈출하는 것이 좋습니다. 다만 안전하게 탈출하는 것이 급선무이며, 소지가 가능할 시 이행합니다.

비행 중 문 열림 대처 방법

비행 중 문이 열리면 저산소증으로 호흡 곤란이 발생하고 순식간에 의식을 잃으며 사망하게 됩니다. 항공기는 대부분 약 4만 피트 상공에서 운항하는데, 문제는 기체가 파손되거나 2천 피트 이하에서 문이 열렸을 때입니다. 세 가지를 꼭 기억하세요.

첫째, 안전벨트부터 매세요. 문이 열리면 기압 차로 모든 것이 기체 밖으로 빨려 나갑니다. 실제 해외에서 창문이 깨져 상체가 유리 밖으로 빠져나온 상태에서도 안전벨트 덕에 생존한 사례가 있습니다.

둘째, 긴급 상황에 자동으로 내려오는 산소 마스크를 즉시 착용하세요. 30초 안에 착용하지 않으면 순식간에 의식을 잃게 됩니다. 아이와 함께 있더라도 반드시 어른이 먼저 착용해야 합니다. 아이는 어른이 먼저 의식을 잃으면 조치를 취할 수 없기 때문입니다.

셋째, 비행기는 고도를 낮추기 위해 급강하하게 됩니다. 이때, 날아다니는 물건과 파편에 부상당하지 않도록 팔로 머리와 안면을 보호하세요.

응급의학과 전문의 Tip
- -
충돌 전 좌석 등받이를 앞으로 세우고 안전벨트를 매야 충돌 피해를 줄일 수 있습니다.

기우는 배에서
살아 나오는 방법

배가 기울어지기 시작했다면 절대 실내에 머물면 안 됩니다. 먼저 체온 유지를 위해 옷을 최대한 두껍게 입고, 의자 밑이나 적재함에 비치된 구명조끼를 챙겨 빠르게 갑판 위로 이동하세요. 이때 구명조끼를 입고 이동하면 실내에 물이 들어왔을 때 수면 위로 뜨게 되어 이동이 불가능하므로 입으면 안 됩니다. 구명뗏목이 없는 경우 맨몸으로 물로 뛰어내려선 안 됩니다. 겨울철의 수온에서 3시간 안에 목숨을 잃게 되므로 가능한 오래 배 위에서 버텨야 합니다.

핵심은 배가 기울어짐에 따라 가장 높은 곳으로 계속해서 이동하는 것입니다. 그사이 구조대가 도착하지 않는다면, 5m의 높이가 남았을 때 물속으로 뛰어든 후 최대한 배에서 멀어지세요. 배가 완전히 잠기는 순간 소용돌이에 빨려 들어갈 수 있습니다. 그다음 온몸에 힘을 뺀 채 대자로 눕는 생존 수영으로 에너지 소모를 최소화하거나, 여러 명과 가까이 붙어 체온을 유지하며 구조를 기다리세요.

응급의학과 전문의 Tip

- -
기울어진 배에서 무릎을 굽히고 보폭을 짧게 한 뒤 이동해야 사고 확률을 줄일 수 있습니다.

지하철 화재 대처 방법

열차 내 불이 걷잡을 수 없이 커지면 비상문 자동 개폐 장치를 돌린 뒤, 수동으로 문과 스크린 도어를 열어 탈출하세요. 만약 지하철이 정위치에 멈추지 않았을 시 빨간색 바를 밀면 스크린 도어가 수동으로 열립니다. 이어서 몸을 최대한 낮추고 젖은 천으로 입과 코를 막은 자세를 한 뒤 바닥 유도등을 따라 이동합니다. 만약 유도등이 보이지 않는다면 시각 장애인용 보도블록을 따라가면 됩니다.

이때 연기가 가득 차 계단으로 이동이 불가하다면 지하철 선로로 내려가 열차 운행 방향으로 달려야 합니다. 이동 중 어둠 속에서 큼지막한 방화 셔터를 마주치면 대부분 막다른 길로 생각해 그 앞에서 질식사하고 맙니다. 하지만 방화 셔터에는 형광색으로 표시된 비상문이 존재하니 그곳으로 탈출하세요. 비상문이 없는 방화 셔터도 있는데 당황하지 않으셔도 됩니다. 법적으로 3m 내에 비상구를 설치하도록 되었으니 표시를 찾아 안전하게 탈출하세요.

응급의학과 전문의 Tip

호흡이 곤란한 부상자의 경우 인공호흡이나 흉부 압박 등을 통해 응급 조치를 해야 합니다.

2장

건강과 감염

돌발성 난청 대처 방법

갑자기 대화 소리가 들리지 않아 병원으로 달려가지만, 결국 한쪽 청력을 잃고 마는 경우가 있습니다. 청력을 앗아가는 '돌발성 난청'입니다. 더 무서운 건 발생 원인이 밝혀지지 않았고, 예방법조차 없다는 겁니다. 다행인 것은 전조 증상이 나타나므로 증상 발생 시 병원에서 약물 치료를 받으면 청력을 지킬 수 있습니다. 다만 이 신호를 놓치면 평생 소리를 못 듣습니다. 두 가지 대표 증상을 기억하세요.

첫째, 귀에서 삐- 소리가 멈추지 않습니다.
둘째, 물속에 있는 것처럼 귀가 먹먹한 느낌이 나고 어지럼증까지 동반됩니다. 이 전조 증상을 무시하면 청력이 영영 손상될 가능성이 크므로 새벽이라도 당장 응급실로 달려가야 합니다.

응급의학과 전문의 Tip

- -
돌발성 난청은 발병률이 높은 응급 질환이기 때문에 이비인후과를 방문해 정기적인 정밀 검사를 받는 것이 좋습니다.

광견병 대처 방법

광견병에 걸리면 물 공포증과 함께 환각 증세가 나타 납니다. 바이러스가 뇌를 감염시켜 숙주를 조종하기 때문인데, 이는 광견병에 걸린 야생 동물에 물린 탓입니다. 잠복기 후 증상이 나타날 때 할 수 있는 것은 고통 속에서 죽음을 기다리는 일밖에 없습니다. 치사율이 100%이기 때문입니다. 다행히도 대처만 잘하면 생존할 수 있습니다.

야생 동물에게 물렸다면 당장 물을 찾고 수압을 최대치로 해 상처 부위를 비누로 5분 이상 씻으세요. 이 조치만으로 대부분의 바이러스를 사멸시킬 수 있습니다. 덧붙여 불상사를 대비해 반드시 24시간 내에 백신을 맞는 게 좋습니다.

응급의학과 전문의 Tip

광견병 예방 접종을 받고, 야생 동물과의 접촉을 최대한 피하는 게 좋습니다.

기생충 감염 대처 방법

순간 하반신이 마비되어 평생 걷지 못하게 됩니다. 원인은 스파르가눔(개나 고양이의 소장에 기생하는 스피로메트라 기생충의 유충)이 뇌로 파고들었기 때문인데요. 이 기생충은 한 번 몸에 들어오면 30년간 죽지 않습니다. 장을 뚫어 뇌, 눈, 고환 등 곳곳을 헤집고 다닙니다. 심지어 구충제로도 죽지 않고 몸속에서 20cm까지 자라 10년 후에야 문제를 발생시키기도 합니다. 혈청 검사로 감염 여부를 알 수 있으나, 결국에 몸을 열어 꺼내는 수밖에 없는데요. 이 단계까지 오지 않도록 두 가지를 꼭 기억하세요.

첫째, 깨끗해 보이는 계곡물이라도 기생충 유충이 득실거릴 수 있습니다. 계곡물을 마시거나, 과일을 씻어 먹는 행위는 피하셔야 합니다.

둘째, 뱀술 안에는 기생충이 득실거립니다. 절대 마시지 마세요.

응급의학과 전문의 Tip

- -

기생충을 죽이기 위해선 음식을 완전히 익히고, 채소나 과일을 깨끗이 씻어 먹어야 합니다.

여름철 말라리아 대처 방법

이것에 감염되면 잠복기 후 고열이 시작됩니다. 치료 시기를 놓치면 정신 분열이 나타나고 사망까지 이를 수 있습니다. 바로 말라리아 원충에 감염된 모기에 물려 말라리아에 감염되었기 때문입니다. 사실 말라리아는 증상이 나타났을 때 약을 먹으면 쉽게 완치됩니다. 뉴스에서 이 모기는 소리를 내지 않는다고 하는데, 실제 이 모기의 소리를 들어 보면 일반 모기와 매우 흡사합니다.

올바르지 않은 정보 때문에 물려도 안일하게 대처할 수 있고, 증상도 몸살과 비슷해 치료가 늦어지면 매우 위험합니다. 국내나 동남아와 같은 나라를 여행한 후 발열이 있으면 병원을 찾아 뎅기열(뎅기 바이러스가 사람에게 감염되어 생기는 병으로, 고열을 동반하는 급성 열성 질환)과 말라리아 질환을 감별해 치료해야 합니다.

응급의학과 전문의 Tip

- -
말라리아 원충은 혈액과 간에 존재하며, 완벽하게 치료가 안 됐을 경우 2년 이내에 재발할 수 있습니다.

뇌졸중 초기를
알아채는 방법

전조 증상 없이 갑작스레 쓰러져 병원으로 옮겼지만 바로 사망하는 경우가 있습니다. 원인은 뇌혈관이 막히거나 터져 버리는 침묵의 암살자, '뇌졸중'입니다. 살기 위해서 뇌졸중 초기 신호를 눈치채야 합니다. 갑자기 휘청거리거나, 두통이 느껴지다가 10초 내로 다시 멀쩡해진다면 뇌졸중을 의심해야 합니다. 4시간 반 안에 조치를 취하지 않으면 사망하거나 평생 반신불수로 살아갈 위험이 있습니다.

초기 신호가 나타났을 때 활용할 수 있는 뇌졸중 진단 방법 "FAST"를 꼭 기억하세요. 'Face', 미소를 짓고, 양쪽 입술 대칭 여부를 확인하세요. 'Arm', 팔을 앞으로 뻗고, 한쪽만 처지지 않는지 확인하세요. 'Speech', 말을 해 보고 발음이 새지 않는지 확인하세요. 이 중 한 가지라도 되지 않는다면 당장 119를 불러야 합니다. 바늘로 손가락을 따거나, 병원에 가지 않고 스스로 판단해 약을 복용하는 것은 골든타임을 놓칠 뿐입니다.

응급의학과 전문의 Tip

- -

고혈압은 뇌졸중의 가장 중요한 원인으로, 혈압을 조절하면 뇌졸중의 발생 가능성을 크게 감소시킬 수 있습니다.

119 안전 신고 센터
안심 콜 서비스

어떤 사람이 갑작스레 쓰러져 간신히 119를 누르지만 호흡 곤란으로 말을 하지 못합니다. 하지만 곧 구급대가 찾아와 정확한 조치로 목숨을 구하는데요. 119에 연결되는 동시에 나의 과거와 현재 질환, 수술 이력, 주소 정보까지 함께 전송된 덕분입니다. 1분 1초를 다투는 상황에서 생사를 결정짓는 소중한 정보죠.

방법은 간단합니다. 119 안전 신고 센터에 들어가 안심 콜 서비스를 눌러 비상시 필요한 정보를 기입합니다. 대리 등록도 가능하니 부모님, 자녀 등 가족 정보도 등록해 두는 게 좋습니다.

응급의학과 전문의 Tip

청각 장애인의 경우 119를 누른 후 영상 통화를 걸면 수화나 글씨를 적은 노트를 화면에 비춰 신고가 가능합니다.

3장

동물

개 공격 대처 방법

네 가지 방법으로 맹견의 공격에 대처하세요.

첫째, 개가 나를 응시하며 꼬리를 짧게 흔든다면 이는 당장이라도 공격할 신호입니다. 절대 뛰지 말고 눈을 마주치지 않은 상태에서 뒷걸음질로 피하세요.

둘째, 미처 피하기 전 개가 달려든다면, 움직이지 말고 물건을 던져 개가 그것을 따라가게 하세요.

셋째, 이를 실패했다면 달려드는 순간 무엇이든 내주어 물게 하세요. 입고 있는 옷, 가방 등 어떤 것이든 좋으며 물건이 없을 때는 냄새나는 신발이 가장 좋습니다. 그다음, 개의 급소인 눈을 찌르거나 코를 강하게 때려 상황을 벗어나세요. 참고로 손을 물렸을 시 빼려고 하면 더 세게 물어 흔들어 대므로 손가락이 절단될 수 있습니다. 이때는 개의 목 안쪽으로 손을 더 집어넣으면 입을 벌리게 됩니다.

넷째, 넘어져서 무방비 상태가 되었다면 최후의 방법을 취합니다. 목을 양손으로 감싸고 최대한 웅크려 가장 취약한 목과 복부를 보호하세요.

응급의학과 전문의 Tip

- -
만약 개에게 물렸다면, 천이나 소독된 거즈로 부드럽게 압박하여 지혈한 뒤, 병원에서 치료를 받습니다.

야생 멧돼지 공격 대처 방법

야생 멧돼지는 총에 맞아도 머리를 맞은 게 아니라면 바로 죽지 않을 정도로 강합니다. 그런 멧돼지에게 들이받으면 송곳니에 허벅지가 뚫리게 됩니다. 멧돼지와 맞서 싸우는 것은 굉장히 위험합니다. 멧돼지를 마주쳤다면 세 가지를 꼭 기억하세요.

첫째, 멧돼지의 시력은 0.1 수준으로 매우 나쁩니다. 천천히 뒷걸음치다 물체 뒤로 몸을 숨기고 멧돼지가 지나치길 기다리세요. 이때 눈을 피하거나 뛰어서 도망가면 절대 안 됩니다.

둘째, 갑자기 나에게 돌진한다면 나무나 자동차 위로 올라가세요. 참고로 갑자기 우산을 펼치는 행동은 경우에 따라 오히려 멧돼지를 놀라게 해 돌발 상황을 유발할 수 있습니다.

셋째, 나를 향해 돌진해 올 때 올라갈 곳이 없다면, 돌진하는 멧돼지의 특성을 활용해 급격한 방향 전환으로 피해야 합니다.

응급의학과 전문의 Tip

멧돼지의 평균 속도는 50km입니다. 멧돼지로부터 무작정 뛰어서 도망가는 행동은 위험합니다.

귓속에 바퀴벌레가
들어갔을 시 대처 방법

자다가 알 수 없는 벌레가 귓속에 들어간 경우, 불빛을 비추면 절대 안 됩니다. 파리나 나방은 빛을 좋아하므로 자연스레 밝은 곳을 향해 나오지만, 어둠을 좋아하는 바퀴벌레는 더 깊숙이 들어가 발버둥 쳐서 고막이 찢어질 수 있습니다. 이때 세 가지 단계를 꼭 기억하세요.

1단계, 옆으로 누운 상태에서 귓속에 식용유나 올리브유 한 숟가락을 넣고 5분을 기다리세요. 이 기름은 귓속 점막을 보호함과 동시에 벌레를 익사시키는 역할을 합니다.

2단계, 움직임이 더는 느껴지지 않는다면, 귀를 뒤쪽 상방으로 잡아당깁니다. 외이도(귓바퀴에서 고막까지의 길)를 일자로 만드세요. 그 상태에서 머리를 기울여 흔들어 벌레 사체를 빼내세요.

3단계, 사체 빼기에 성공했든 못했든 최대한 빨리 이비인후과로 가야 합니다. 바퀴벌레가 죽으면서 귓속에 알을 남겼을 수 있습니다.

응급의학과 전문의 Tip

- -
고막에 구멍이 뚫리는 고막천공이나 만성 중이염을 앓는다면 식용유가 염증 반응을 일으킬 수 있으므로 함부로 식용유를 넣으면 안 됩니다.

독사에게 물렸을 시
생존 방법

뱀에 물렸다면 먼저 독사인지 확인하는 것이 필요합니다. 독사의 경우 머리가 삼각형이며 물린 앞쪽에 두 개의 이빨 자국이 있습니다. 한국에서 가장 치명적인 독사 유혈목이는 살모사 종류(살모사, 쇠살모사, 까치살모사)와 이빨 모양이 다르므로 생김새를 기억하세요. 물린 뒤 병원에 보여 주기 위해 뱀을 잡거나 사진을 찍을 필요가 없습니다. 대부분의 병원이 한 가지 종류의 항독소를 사용하기 때문입니다.

우선, 물린 부위를 심장보다 아래쪽으로 둔 채 119를 기다리세요. 이때 상처 부위를 봉합하는 것은 도움이 되지 않습니다. 피는 60초 이내에 전신을 한 바퀴 순환할 만큼 빠르게 돌기에 아무리 빨리 묶어도 독이 퍼지는 것을 막을 수 없습니다. 오히려 독이 한 곳에 머문다면 조직이 괴사해 신체를 절단해야 합니다. 즉시 병원으로 이동이 가능하다면, 일반 병원은 치료가 불가하므로 반드시 119에 항독소가 있는 병원을 문의한 뒤 해당 병원으로 가야 합니다.

응급의학과 전문의 Tip

- -

몸을 움직일수록 독이 빨리 퍼지므로 최대한 편안하게 누운 뒤 119에 구조 요청을 해야 합니다.

말벌 공격 대처 방법

말벌에 쏘이면 두드러기와 호흡 곤란이 나타나고 쇼크로 1시간 내에 사망할 수 있습니다. 이렇게 치명적인 말벌이 보이면 절대 쫓으려 하지 마세요. 말벌은 위협을 느끼는 순간 페로몬을 방출해 순식간에 동료들을 불러 모아 적을 공격하기 때문입니다.

말벌을 마주쳤다면 동작을 최소화하며 천천히 그곳에서 벗어나세요. 특히 벌집을 잘못 건드렸을 때 움직이지 않고 가만히 있으면 그 상태로 수백 방을 쏘여 즉사하게 됩니다. 말벌이 있다면 머리를 감싸고 몸을 낮춘 채 뒤도 돌아보지 말고 20m 이상 달리세요. 벌이 기피하는 어두운 곳으로 가면 더 좋습니다. 만약 한 방이라도 쏘였다면, 즉각 상처 부위를 씻은 뒤 차가운 것을 대 독이 퍼지는 것을 늦춥니다. 두드러기나 호흡 곤란 등의 증세가 나타나면 알레르기 쇼크가 발생할 수 있으니 최대한 빨리 119를 불러야 합니다.

응급의학과 전문의 Tip

- -

말벌은 덥고 습할수록 공격성이 증가하므로 특히 여름철부터 초가을까지 주의하는 게 좋습니다.

해파리 쏘임 대처 방법

물속에서 갑자기 타는 듯한 통증이 느껴집니다. 바로 독성 해파리에 쏘인 건데요. 눈으로 보이지 않지만 해파리에게는 다수의 독 주머니(자포 세포)가 있습니다. 정확한 응급 처치를 하지 않으면 호흡 곤란이 오고, 심할 경우 사망에 이를 수 있습니다.

중요한 건 빠른 세척입니다. 수돗물을 쓰면 절대 안 됩니다. 수돗물이 닿는 순간 독 주머니가 터지며 다량의 독이 몸속에 퍼지기 때문입니다. 반드시 바닷물로 10분 이상 세척해서 독을 제거합니다. 그 후, 피부에 촉수가 박혔는지 확인해 신용카드와 같이 단단하고 얇은 물건으로 박힌 촉수를 긁어 뺀 뒤 응급실을 방문하세요.

응급의학과 전문의 Tip

알코올 종류의 세척제는 독액 방출을 증가시킬 수 있으므로 절대 금합니다.

4장

자연재해와 재난

백두산 폭발 시 생존 방법 1

백두산이 폭발하면 천지에 있는 20억 톤의 물이 쏟아지며 홍수가 발생하고 화산탄이 반경 60km를 초토화시킵니다. 대한민국은 거리가 있어 이러한 피해는 입지 않지만, 화산재는 피할 수 없습니다. 위로 40km까지 치솟은 화산재는 바람을 타고 9시간 내에 서울에 도달하고, 24시간 내에 전국을 뒤덮게 됩니다.

우선, 경보를 듣자마자 당장 마트로 달려가 최소 2주 치의 식량을 구비하세요. 사람들이 몰릴 것이기 때문에 조금만 지체해도 아무것도 구비할 수 없습니다. 그다음 화산재 유입을 막기 위해 집에 있는 모든 창틀에 테이프를 붙이고, 큰 틈은 젖은 수건으로 막으세요. 화산재로 인해 각막이 손상될 수 있으므로 렌즈는 반드시 빼고, 상수도가 오염되기 전에 물을 받아두는 게 좋습니다. 그 후 방송을 주시하며 남동풍이나 북서풍으로 바람의 방향이 바뀌기를 기다리세요.

응급의학과 전문의 Tip
- -
만성 기관지염이나 폐기종, 천식 환자는 꼭 실내에 머무르도록 합니다.

백두산 폭발 시 생존 방법 2

백두산이 폭발했을 시 가장 큰 문제는 화산재가 머무는 기간이 길어져 식수가 바닥났을 때입니다. 이때는 수돗물을 틀어도 오염된 물이 나옵니다. 이 오염된 물을 정수하기 위해 물을 2분가량 휘젓고 잠시 기다리세요. 큰 이물질들을 빠르게 가라앉힐 수 있습니다. 그다음, 물을 위쪽에 두고 빈 통을 아래쪽에 둔 뒤 옷가지를 잘라서 만든 천으로 그 사이를 이어 주세요. 이제 기다리기만 하면 빈 통에 깨끗한 물이 천천히 차오르게 됩니다.

긴급 상황에서는 이 물을 바로 마셔도 되지만 세균 제거를 위해 끓여서 마시는 것이 더 좋습니다. 참고로 오염된 물에 가루를 넣어서 젓기만 하면 물이 깨끗해지고 세균을 99.9%까지 정화해 주는 제품도 있으니 미리 구비해 두세요.

응급의학과 전문의 Tip

물에 화산재가 들어갔다면, 가급적 가라앉은 후 웃물을 사용합니다.

지진 대처 방법

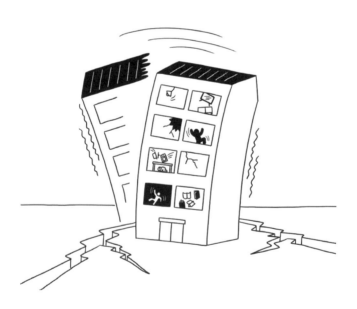

갑자기 건물이 흔들리면 최대한 빨리 탁자 밑으로 들어가 낙하물로부터 머리를 보호하세요. 흔들리는 도중 현관문을 열러 가는 것은 매우 위험한 행동입니다. 지진은 약 30초 흔들리고 멈춘 뒤 다시 반복되므로 멈춘 순간, 가스 밸브와 전기 차단기를 내리고 계단으로 대피하세요. 이때 급하다고 맨발로 뛰어나가면 바닥에 떨어진 잔해에 다쳐 이동이 불가능합니다.

지진 자체보다 더 큰 문제는 계단에 사람이 몰리면서 발생하는 압사 사고이므로 이동 시 앞사람과의 접촉을 최대한 피해야 합니다. 여진이 발생하기 전까지 넓은 운동장이나 공원에 도착하는 것이 생존의 핵심입니다. 탈출 전, 최악의 상황으로 건물이 붕괴돼 갇혔다면 넓은 공간보다는 큰 잔해 밑 좁은 공간 속에서 몸을 보호합니다. 그 상태로 철근 조각을 활용해 소리를 내며 구조를 기다리세요.

응급의학과 전문의 Tip

- -

휠체어나 보행기를 사용하는 경우, 바퀴를 잠그고 몸을 앞으로 숙인 뒤 책·방석·베개 등으로 머리와 목을 보호합니다.

싱크홀에 빠졌을 시 생존 방법

세 가지만 기억하세요.

첫째, 물웅덩이에 몸이 닿지 않도록 하세요. 싱크홀은 대부분 노후된 상수도관 파열로 발생합니다. 여기서 새어 나온 물이 매립된 전선과 만나 언제든 감전을 당할 수 있기 때문에 조심해야 합니다.

둘째, 깊은 곳에서 혼자 기어 올라가지 마세요. 가장자리는 지반이 약해 추가 붕괴가 쉽게 일어나므로 올라가다 추락할 가능성이 높습니다. 같은 이유로 낙석에 대비해 가장자리가 아닌 중앙에서 머리를 보호하며 구조를 기다리세요.

셋째, 땅이 꺼지면 매립된 전선이 팽팽해지고 견딜 수 있는 한계치를 넘어서는 순간 전선이 끊어집니다. 이때 가스관이 파열된 상태라면 큰 폭발이 발생하니 탈출했다고 안심하지 말고 최대한 빨리 주위에서 벗어나세요.

응급의학과 전문의 Tip
- -
주택 외벽과 내부 벽에 균열이 생기거나 집 바닥에 경사가 생기면 즉시 지자체에 신고해야 합니다.

이안류 대처 방법

갑자기 휘몰아치는 물살, 아무리 헤엄쳐도 바다로 밀려 나가고 결국 파도에 휩쓸려 익사합니다. 원인은 파도가 급격히 반대 방향으로 빠져나가는 '이안류'입니다. 이안류의 특성만 알면 생존할 수 있습니다. 세 가지를 꼭 기억하세요.

첫째, 입수 전 이안류 위험 지수를 확인하세요. '안전해' 어플에서 해수욕장별 이안류 실시간 위험도를 확인할 수 있고, 위험 알람도 받을 수 있습니다.

둘째, 물속에서 갑자기 이안류가 발생한 경우 절대 파도에 맞서지 마세요. 대신 좌우 45° 방향으로 헤엄쳐 이안류를 벗어나세요. 유속은 빠르지만 폭이 30m로 좁기 때문입니다.

셋째, 수영을 못한다면 튜브 위에 그대로 떠 있으세요. 이안류가 나타나는 현상은 3분 정도만 지속되니, 체력을 아끼며 구조를 기다리는 게 좋습니다.

응급의학과 전문의 Tip

- -
홀로 구조를 기다릴 때 무릎을 가슴 쪽으로 당기고 팔로 몸통을 감싼 채 웅크려 체온을 유지해야 합니다.

도로 침수 대처 방법

전례 없는 폭우로 도로가 침수됐을 때 세 가지는 꼭 기억하세요.

첫째, 이동 시 신호등과 가로등, 두 사물로부터 3m 이상은 떨어지세요. 감전사의 위험이 있습니다.

둘째, 도로 한가운데를 무작정 이동하는 건 목숨을 내놓는 거나 마찬가지입니다. 맨홀 뚜껑이 폭우에 떠내려갔다면 걷다가 순식간에 구멍으로 빨려 들어 익사할 수 있습니다. 이때는 맨홀이 설치된 도로나 인도 중앙이 아닌 건물 벽을 따라 이동하세요. 또 수압을 이기지 못한 맨홀이 갑자기 튀어 오를 수 있으니 가까이 가지 말고 피해야 합니다.

셋째, 차가 잠기기 시작했다면 타이어가 2/3 이상 잠기기 전에 차를 버리세요. 타이밍을 놓쳐 문이 열리지 않는다면 창문을 깹니다. 만약 수압으로 인해 차 문이 열리지 않는다면 차 안에 물이 차오르기를 기다렸다가 차 밖과 안의 수위 차가 30cm로 줄어드는 순간 탈출하세요.

응급의학과 전문의 Tip

침수 정도를 확인하기 어려운 밤에는 운전을 되도록 자제하고, 도로 경사로 유속이 빠른 곳은 피해야 합니다.

5장

일상 사고

화재 대처 방법

화재가 발생하면 불은 순식간에 건물을 집어삼키고, 실내는 정전이 돼서 암흑으로 변합니다. 이때 1층으로 탈출하는 것이 원칙이지만, 대피로가 막혔다면 옥상으로 나가야 합니다.

우선 문을 열고 나갈 때 문 앞까지 불이 번졌다면 손잡이가 뜨거워져 화상을 입게 되므로 손등을 가까이 대서 반대편에 열기를 꼭 확인하세요. 문을 열었을 때 작은 불길이 길목을 막을 때 소화기가 없는 경우, 탄산음료를 흔들어 뿌립니다. 탄산음료는 불을 끄는 데 물보다 몇 배의 효과가 있습니다. 1층으로 이동할 때는 반드시 계단을 이용하세요. 엘리베이터를 타면 전력이 차단돼서 갑자기 멈출 수 있고, 문이 열리는 순간 연기로 인해 질식사 할 수도 있습니다. 이동 시 한 손은 어둠 속에서 벽을 짚고, 다른 한 손은 젖은 수건으로 입과 코를 막아 유독 가스로부터 폐를 보호하세요. 마지막으로 출구 앞에 연기가 가득 찼다면, 지면으로부터 20cm 위까지는 맑은 공기층이 존재하므로 최대한 납작 엎드려 기어서 탈출하세요.

응급의학과 전문의 Tip

소화기는 눈에 잘 보이고 사용하기에 편리한 곳에 두되 햇빛이나 습기에 노출되지 않도록 합니다.

엘리베이터 추락 시 생존 방법

엘리베이터 추락 시 점프를 하면 어떨까요? 20층 높이에서 시속 150km로 3초 내에 바닥에 부딪힌다는 가정 하에, 10km 속도의 점프를 하면 140km로 줄어들 뿐입니다. 다행히도 엘리베이터에는 비상 장치가 많아 추락하는 일은 거의 발생하지 않습니다. 추락한다고 해도 자세만 잘 잡으면 생존할 수 있습니다.

먼저, 다리를 어깨 넓이로 벌려 쪼그려 앉고 양손은 안전바를 잡으세요. 이때 등이 벽에 닿으면 충격이 즉각 몸으로 전달되기에 절대 안 됩니다. 이 자세를 유지한다면 충격을 흡수해 골절은 되더라도 죽지 않을 수 있습니다. 하지만 대부분의 사망 사고는 다음과 같은 상황에서 발생합니다.

잠깐 멈춘 엘리베이터에서 무리하게 밖으로 나가려다가 갑자기 움직여 몸이 꼼짝없이 끼였을 때, 밖으로 뛰어내리려다 무게 중심이 뒤로 쏠려 아래로 떨어질 때입니다. 2차 추락을 대비해 구조될 때까지 반드시 그림과 같은 자세를 유지하는 게 좋습니다.

응급의학과 전문의 Tip
- -
인체에 가하는 충격이 분산돼 부상을 줄이기 위한 자세로 바닥에 큰 대자로 눕는 자세도 있습니다.

압사 대처 방법

군중 속에서 내 의지대로 움직일 수 없고 다수가 하나의 물결처럼 움직이기 시작했다면, 이는 전형적인 압사 사고의 전조 현상입니다. 살아남기 위해 세 가지를 꼭 기억하세요.

첫째, 이동 시에 가슴 앞 공간을 확보하고, 버티는 힘을 극대화하세요. 선 상태에서 앞뒤로 짓눌릴 때, 폐와 심장이 파열되는 것을 막을 수 있습니다.

둘째, 당장 그곳을 탈출하세요. 탈출 방향은 큰 힘이 작용하는 앞이나 뒤가 아닌, 대각선 뒤쪽 방향입니다. 옆으로 한 칸, 뒤로 한 칸 이동하기를 반복하세요. 이때 핵심은 절대 넘어지지 않는 것입니다. 다리를 대각선으로 가능한 넓게 벌려 버티는 힘을 극대화하며 이동하세요.

셋째, 넘어져서 일어날 수 없다면 최후의 수단으로 양손은 머리를 감싸고, 다리는 몸쪽으로 당겨 웅크리는 태아 자세를 취해 장기를 보호하고 숨 쉴 공간을 확보하세요.

응급의학과 전문의 Tip

군중 밀집 상태에선 산소 공급이 원활하지 않기 때문에 천천히 심호흡하여 산소를 몸속으로 공급합니다.

손가락이 잘렸을 시 생존 방법

손가락이 잘리면 동맥도 함께 절단되어 순간 피가 분수처럼 솟구칩니다.

먼저, 거즈나 수건으로 절단 부위를 5분가량 꾹 눌러 지혈한 후 절단 부위를 묶어 주세요. 이때 지혈제를 뿌리면 봉합 수술 전 가루를 일일이 씻어 내야 하므로 절대 안 됩니다. 이어서 잘린 손가락을 생리식염수나 수돗물로 가볍게 헹궈 겉에 묻은 이물질을 제거하세요.

손가락을 차갑게 유지하는 것이 중요한데, 얼음에 직접 넣으면 동상에 걸려 조직이 상하게 되므로 안 됩니다. 손가락을 거즈나 수건으로 감싼 뒤 비닐에 넣고, 이 비닐을 얼음물에 담그세요. 얼음물의 최적 온도는 4℃입니다. 이 온도에 가까워지는 방법은 얼음과 물의 비율을 1:1로 맞추는 것입니다. 그다음, 동네 병원에서는 접합 수술이 불가하므로 수지 접합 전문 병원을 검색해 치료를 받습니다. 만약 근처에 병원이 없다면 119에 요청하세요.

응급의학과 전문의 Tip

- -

손가락 절단 시 6시간 이내에 수술을 받아야 미세 접합 수술의 성공률이 높아지므로 가능한 빨리 병원으로 가야 합니다.

쥐가 났을 시 푸는 방법

종아리 근육은 비복근, 가자미근 두 가지로 이루어지므로 쥐가 났다면 통증이 발생하는 위치에 따라 다르게 대처해야 합니다.

종아리 위쪽 비복근에 쥐가 났다면 다리를 펴고 발끝을 몸 안쪽으로 꾹 눌러 근육을 이완시켜 주세요. 만약 혼자 있다면 발가락을 몸 쪽으로 쭉 당겨 줍니다. 아래쪽 가자미근에 쥐가 난 경우에는 종아리 중앙에 움푹 들어간 곳을 엄지손가락으로 꾹 눌러 주세요.

덧붙여 어느 미국 의사가 발견한 더 간단하고 효과 있는 방법이 있습니다. 원리는 구체적으로 밝혀지지 않았지만 서양에서 꽤 유명한 민간요법입니다. 쥐가 나면 집게손가락으로 윗입술 가운데를 꼬집어 줍니다. 다리 힘을 최대한 뺀 상태로 윗입술을 꾹 꼬집으면 신기하게도 쥐가 풀리는 경험을 하게 됩니다.

응급의학과 전문의 Tip
- -
잘 때 다리 밑에 베개를 받쳐 다리를 심장보다 높은 곳에 위치시킨다면 수면 중 발생하는 근육 경련을 예방할 수 있습니다.

잠긴 문을 여는 방법

방문 손잡이는 모양에 따라 뾰족한 것으로 찌르거나 열쇠로 열면 되지만, 문제는 도구나 열쇠가 없는 비상 상황이 닥쳤을 때입니다. 이때는 빳빳한 종이 한 장만 있으면 됩니다.

먼저 책이나 공책 표지를 찢어 반으로 잘라 주세요. 그다음, 종이를 손잡이 위쪽 문틈 사이로 깊숙이 넣어 주세요. 이제 종이를 아래쪽으로 꾹 누르듯이 내려 줍니다. 이때 문과 종이가 직각이 아닌, 45° 형태가 되도록 비스듬하게 내려야 합니다. 이와 동시에 나머지 한 손은 손잡이를 문이 열리는 방향으로 당겨 주세요. 이렇게 몇 번 시도하면 종이가 잠금쇠를 안쪽으로 눌러 주어 쉽게 문이 열립니다. 비상시를 대비해 지금 바로 시도해 보세요.

응급의학과 전문의 Tip

- -

잠긴 문 안에 사람이 쓰러져 있다면, 계속해서 이름을 불러 완전히 의식을 잃지 않도록 합니다.

날카로운 물체에 눈이 찔렸을 시 대처 방법

날카로운 물체에 눈이 찔리면 안구에서 피가 흘러나오고, 눈을 뜰 수조차 없는 통증이 몰려옵니다. 이때 지혈을 위해 수건으로 눈을 누르면 아주 끔찍한 일이 벌어집니다. 상처 난 각막이 완전히 손상되어 평생 앞을 볼 수 없게 되죠. 눈을 컵으로(종이컵, 유리컵)보호하며 즉시 안과로 이동합니다. 중요한 것은 양쪽 눈을 모두 가려야 한다는 것입니다. 한쪽 눈을 움직이면 반대편 눈도 동시에 움직여 상처가 더 심각해집니다.

만약 보호자가 없다면 그 자리에서 119를 부르세요. 참고로 뜨거운 물이 튀어 눈에 들어간 경우에는 안구와 주변 피부의 열을 내려야 합니다. 눈을 뜬 채로 얼굴 전체를 차가운 물에 1분 이상 담근 후 병원으로 이동하세요.

응급의학과 전문의 Tip

특히 물체가 보이지 않거나 겹쳐 보이면 응급 증상이므로 즉시 안과 진료가 가능한 응급실을 방문해야 합니다.

전기에 감전됐을 시 대처 방법

감전된 사람을 전류로부터 떼어 내기 위해 누전 차단 기를 내리거나, 나무 막대 등을 활용하는 것은 매우 위험한 생각입니다. 바로 누전 차단기를 내릴 수 있다 면 좋으나, 누전 차단기와 거리가 멀리 떨어졌거나 위 치를 정확히 알지 못하는 경우에는 이동하는 순간 생 존 확률이 급격히 떨어지기 때문입니다. 몸에 흐르는 전류가 장기를 손상시키기 때문에 몇 초 차이가 생사 를 결정짓습니다. 지체할 시간이 없습니다. 두 가지를 기억하세요.

첫째, 운동화를 신었다면 당장 발로 차세요. 이 때, 체중을 실어 발바닥으로 상대가 아플 정도로 세게 차야 합니다.

둘째, 만약 신발 바닥이 고무 소재가 아니라면 입 은 옷으로 상대를 당기세요. 만약 겉옷이 없다면 소 매로 손을 덮은 채 밀어도 됩니다. 그 후 의식이 없는 경우 4분이 지나면 뇌에 심각한 손상이 발생하므로 당장 심폐 소생술을 시작하세요.

응급의학과 전문의 Tip

- -

전기에 감전된 뒤 특별한 이상 증상이 없더라도, 몸속은 전기로 인한 화 상이 발생했을 수 있기 때문에 곧바로 병원 치료를 받아야 합니다.

이가 빠졌을 시 대처 방법

순간적인 외부 충격으로 이가 빠지면 끔찍한 통증이 시작됩니다. 만일 하나라도 잘못 대처하면 영영 치아를 되돌릴 수 없게 됩니다.

먼저, 빠진 치아를 세제로 깨끗이 닦아선 안 됩니다. 치아 뿌리에 붙은 치주 인대(치아와 잇몸뼈를 연결해 주는 조직)가 세포 재생의 핵심이기 때문입니다. 심지어 염소 성분이 세포를 파괴하기에 수돗물로 씻는 것도 안 됩니다. 생수나 우유로 흙먼지만 제거하고, 빠진 자리에 그대로 이를 다시 끼우세요. 만약 통증으로 다시 끼기 어렵다면 이를 혀 아래쪽에 넣습니다. 이마저 어렵다면 우유에 담그세요. 이때 치아 뿌리에 손가락이 닿으면 절대 안 됩니다.

모든 과정을 마친 뒤 치과로 향하세요. 골든 타임은 30분. 이후 재생 확률이 급격히 떨어져 90분이 지나면 재생이 거의 불가능해집니다. 휴일이라면 반드시 치과 응급실을 찾고, 그조차 안 된다면 119에 문의하세요.

응급의학과 전문의 Tip
- -
어린이의 경우 성장 장애나 안면 비대칭이 생길 가능성이 있으므로 최대한 빨리 응급 처리를 해야 합니다.

눈에 순간접착제가
들어갔을 시 대처 방법

눈에 순간접착제가 들어가는 순간 타는 듯한 고통이 시작됩니다. 이때, 바로 병원으로 가면 안 됩니다. 접착제 속 화학 성분이 공기와 만나면 빠르게 굳기 때문입니다. 문제 상황 발생 시 1초라도 빨리 씻는 것이 회복의 핵심 요소입니다.

식염수로 씻는 것이 가장 좋고, 없다면 따뜻한 수돗물로 흐르는 물에 10분간 눈을 씻으세요. 이때 안구를 손으로 만지면 각막이 뜯어질 수 있으니 절대 안 됩니다. 씻는 방향은 반드시 오염된 눈이 아래쪽을 향하게 하세요. 이제 젖은 수건으로 양쪽 눈을 다 가리고 안과로 가야 합니다. 한쪽 눈을 움직이면 반대편도 동시에 움직여 안구가 손상되므로 주의합니다. 병원에 갈 땐 성분 확인을 위해 접착제 통도 꼭 가져가세요.

응급의학과 전문의 Tip

- -
안약을 점안하기 전 처방받은 약이 맞는지 다시 한 번 확인하고, 의약품은 다른 물건과 구별하여 보관합니다.

화상을 입었을 시 대처 방법

뜨거운 물에 데이면 대부분 찬물로 잠깐 씻고 마는데, 그렇게 하면 심각한 문제가 발생할 수 있습니다. 열기가 피부 깊은 곳에서 조직을 계속 손상시키기 때문입니다. 세 가지를 기억하세요.

첫째, 재빨리 시원한 수돗물로 20분간 열을 식히세요. 이때 물줄기가 화상 부위에 직접 닿으면 안 되고, 얼음을 쓰면 동상 위험이 있습니다.

둘째, 곧 부종이 발생하며 부어올라 반지나 팔찌 등의 액세서리를 뺄 수 없게 되니 반드시 식히며 전부 제거하세요.

셋째, 심한 통증과 물집이 생기는 2도 이상의 화상이라면 조치 후, 마른 수건으로 감싸 가까운 성형외과나 피부과로 가세요.

응급의학과 전문의 Tip

금속의 장신구는 열을 가지고 있어 화상을 더욱 깊게 만드므로 주의해야 합니다.

안전한 락스 사용 방법

때는 제1차 세계 대전, 맹독성 가스 공격으로 순식간에 5천 명이 사망합니다. 그 가스는 바로 염소 가스였습니다. 염소 가스는 흡입하면 몸속 수분과 반응해 염산으로 바뀌어 폐를 녹여 버립니다. 문제는 잘못된 청소 방법 때문에 집에서도 이 가스가 발생한다는 겁니다. 세 가지를 주의해야 합니다.

첫째, 락스는 반드시 물에 희석해서 쓰세요. 뜨거운 물과 섞이면 염소 가스가 다량 발생하니 반드시 찬물과 쓰고, 세제와도 절대 섞지 않습니다.

둘째, 이 가스는 공기보다 무겁기 때문에 환풍기만 켠 채 문을 닫고 락스 청소를 한다면 건강에 치명적입니다.

셋째, 락스를 분무기에 넣어 쓰면 공기 중으로 퍼진 입자가 호흡기에 흡입되므로 주의해야 합니다.

응급의학과 전문의 Tip
- -
락스가 든 용기는 뚜껑을 꼭 닫아 낮은 곳에 보관하는 것이 안전합니다.

발암 물질 곰팡이 대처 방법

1군 발암 물질이지만 이 순간에도 수많은 사람이 섭취 중인 균이 있습니다. 바로 간암을 유발하는 아플라톡신입니다. 주로 곰팡이 핀 식품에 증식하는데요. 곰팡이 핀 음식을 먹는 사람은 없겠지만, 곰팡이가 조금 보일 때 잘라 낸 뒤 먹는 행동도 위험하므로 즉각 멈춰야 합니다. 곰팡이가 눈에 보였다는 것은 깊은 속까지 독소가 뿌리내렸다는 신호이기 때문입니다. 끓여도 죽지 않고 냄새만 맡아도 체내로 흡입되니 반드시 통째로 버려야 합니다.

더 위험한 것은 방치된 음식물 쓰레기에서도 이 균이 증식한다는 점입니다. 피부를 통해서도 몸에 침투하니 바로 버리거나 반드시 장갑을 착용하세요.

응급의학과 전문의 Tip

- -

습도가 높은 장마철에 쌀, 콩, 옥수수 등과 같이 건조한 식품도 수분을 흡수하여 곰팡이가 자랄 수 있으니 주의합니다.

불법 촬영 카메라를 찾는 방법

모텔, 화장실과 같은 밀폐된 공간에 들어갔는데 촬영된다는 의심이 든다면 먼저 와이파이를 켜세요. 몰래카메라가 있는 경우, 신호가 매우 강하며 길고 복잡한 이름의 와이파이가 목록에 나타날 수 있습니다. 요즘 출시되는 몰래 카메라는 실시간으로 영상이 전송되는 와이파이형이 많기 때문입니다. 그다음 플래시를 터트리며 의심되는 곳을 사진 찍으세요. 찍은 사진을 확대하면 하얗게 반사된 렌즈를 확인할 수 있습니다.

광범위한 공간에서는 빨간 셀로판지만 있으면 됩니다. 카메라 렌즈와 플래시 부분을 모두 셀로판지로 붙이고, 불을 끈 상태에서 동영상 촬영 버튼을 누르세요. 그다음, 플래시를 켜면 카메라가 숨겨진 곳은 렌즈가 반사되고 여러 각도로 비춰 봐도 표시가 납니다. 만약 셀로판지가 없다면 몰래 카메라 탐지 어플에 있는 '적외선 탐지' 기능을 활용하세요.

응급의학과 전문의 Tip

- -

각 구청이나 동 주민 센터에 불법 촬영 카메라 탐지기 대여 가능 여부를 문의한 뒤, 만일을 위한 위험 상황을 대비합니다.

6장

범죄, 테러, 전쟁

범죄, 테러, 전쟁

핵 폭발 대처 방법

서울 한복판에 15,000톤의 핵이 떨어지는 순간 반경 1km 내의 생명체는 흔적도 없이 증발하고 4.5km 내의 건물은 초토화됩니다.

먼저, 실외에 있을 때 공습경보가 울리면 5분 이내에 핵이 폭발하므로 최대한 빨리 가장 가까운 건물 지하나 지하철역으로 대피하세요. '국민 재난 안전 포털'에서 가까운 대피소를 미리 검색해 두면 좋습니다. 그다음, 엎드린 채 팔꿈치를 땅에 댑니다. 그리고 눈과 귀를 막아 핵폭발 순간에 고막이 터지지 않게 하세요. 입을 크게 벌려 복지부동 자세를 취한 뒤, 소리를 내 몸속 압력을 배출해야 합니다. 이때 배를 땅에 붙이면 진동으로 장기가 파열되므로 안 됩니다.

폭발 후 위로 솟구친 방사능 물질이 검은 비처럼 쏟아지는 것이 낙진입니다. 낙진을 피해 콘크리트 건물 지하에서 외부 방사능 농도가 1/1000로 줄어드는 시점인 14일까지 버텨야 합니다. 그 후 근처 건물 지하에 있는 대형 마트나 쇼핑센터로 이동해 식량을 확보하고, 그곳에서 구조를 기다리세요.

응급의학과 전문의 Tip

- -

폭발 당시 실외에 있다가 실내로 들어갔다면 빠른 시간 내에 몸을 씻어 내야 합니다.

칼에 찔렸을 시 생존 방법

배에 칼이 찔리면 이내 복부가 따뜻해지며 끔찍한 통증이 시작됩니다. 생존을 위해 세 가지를 기억하세요.

첫째, 배에 꽂힌 칼을 절대 빼지 마세요. 대동맥이 찔렸다면 칼을 빼는 순간 피가 폭포처럼 쏟아져 과다 출혈로 빠른 시간 내에 사망합니다. 칼이 몸속으로 더 들어가지 않도록 옷이나 수건으로 칼을 싸맨 후, 움직이지 않게 잡습니다.

둘째, 일어서면 안 됩니다. 일어서는 순간 복부에 힘이 들어가 피가 쏟아지고, 내장이 튀어나올 수 있기 때문에 무조건 누워야 합니다. 이때 출혈로 탈수 증상이 생기는데, 물이나 음식을 먹으면 절대 안 됩니다. 장으로 이동한 음식물이 밖으로 흘러나와 복막염을 일으켜 사망할 수 있습니다.

셋째, 찔리는 순간 이미 칼이 빠졌고, 장기까지 튀어 나왔다면 세균 감염 방지를 위해 다시 집어넣지 않습니다. 더 빠져나오지 않도록 젖은 수건으로 장기를 감싸 잡고 119를 기다리세요.

응급의학과 전문의 Tip

- -

흉부나 복부를 찔렸다면 압박은 피해야 합니다. 압박이 잘 안 될 뿐만 아니라 내출혈 가능성이 크기 때문입니다.

칼부림 대처 방법

종종 뉴스에서 칼 든 자가 사람들에게 달려들 때 전봇대 뒤에 숨으라고 안내합니다. 그러나 실제로 전봇대는 몸이 다 안 가려질 뿐만 아니라 시야도 차단 돼 자칫 도망도 못 가고 당할 수 있습니다. 물론 이런 범죄에는 완벽한 대처법이 없지만 생존 확률을 1%라도 높이기 위해 세 가지는 꼭 기억하세요.

첫째, 주위에서 큰 소리가 들릴 때, 멈칫하는 순간 공격당합니다. 생각하지 말고 당장 소리 반대 방향으로 뛰어야 합니다.

둘째, 범인이 사람들을 쫓아오며 나와 점점 가까워질 때, 순간적으로 방향을 전환해 피한 사례가 있습니다. 불특정 다수를 공격하는 것이 목적인 범인은 다수를 공격하기 위해 따라갈 확률이 높습니다. 또 날 쫓아오더라도 주위에 사람이 없으니 더 빨리 뛸 수 있습니다.

셋째, 더는 도망칠 곳이 없다면 보이는 큰 물건을 집어 들고 접근하지 못하게 밀쳐 냅니다.

응급의학과 전문의 Tip

가까운 거리에서 습격을 당했다면 상대방을 끌어안고 최대한 팔을 자유롭게 사용하지 못하도록 해야 합니다.

불법 택시에 탑승했을 시 대처 방법

택시에 탑승하기 전에 반드시 가짜 택시인지 확인하세요.

정상적인 택시의 번호판에는 무조건 '아', '바', '사', '자'(일명 아빠사자) 중 하나가 있으며, 노란색입니다. 만약 불법 택시를 탔는데 인적이 없는 곳으로 달리기 시작했다면 바로 112에 전화하고, 아무 숫자나 두 번 연속 누르세요. 경찰에게 지금 말할 수 없음을 알리는 신호입니다. 그 후 경찰이 보내는 링크를 누르면 내 위치 정보와 휴대 전화가 비추는 카메라의 영상이 실시간으로 경찰에게 전송됩니다. 비밀 채팅으로 이야기할 수도 있습니다.

추가로 길을 가다 지붕에 빨간 불이 들어온 택시가 보이면 내부에 긴급 상황이 벌어진 것이니 바로 경찰에 신고하세요.

응급의학과 전문의 Tip

불가피하게 차에서 뛰어내릴 시 정상 착지가 어려우니 몸을 둥글게 말아 굴러야 부상의 정도가 감소합니다.

범죄, 테러, 전쟁

납치 대처 방법

피해자가 살아 돌아오지 못하는 납치 사건이 빈번하게 발생합니다. 이런 상황에 대처하기 위해 이 세 가지 만큼은 꼭 기억하세요.

첫째, 트렁크에 갇혔다면 야광색 비상 탈출 버튼을 찾으세요. 신호에 걸려 차가 멈추는 것이 느껴질 때 이 버튼을 누르거나 당겨서 문을 열고 내리세요.

둘째, 테이프나 케이블 타이에 손이 묶인 경우 양팔을 머리 뒤로 끝까지 올렸다가 순간적으로 아래로 내리치세요. 웬만큼 두꺼운 결박도 쉽게 끊어 낼 수 있습니다.

셋째, 행정 안전부에서 출시한 '긴급 신고 바로' 어플에 사용자 정보와 긴급 연락처를 미리 입력해 두세요. 비상시에 '자동 신고' 버튼을 누르면 5초 동안 주변 음성이 녹음되고, 바로 경찰에 신고됩니다. 정확한 나의 위치 정보와 인적 정보가 경찰에 자동으로 전송되니 매우 요긴합니다. 호루라기 기능도 있어 상황에 따라 유용하게 쓸 수 있습니다.

응급의학과 전문의 Tip

납치된 상황이라면 저항은 스스로를 다치게 할 요인을 제공할 뿐입니다. 최대한 납치범의 주의를 끌지 않아야 생존에 유리합니다.

구조 수신호 알아채는 방법

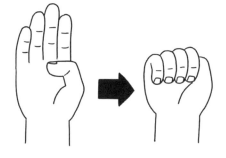

지나가는 운전자의 신고로 딸과 아빠가 탄 차가 경찰에 붙잡힙니다. 그는 아빠가 아닌 납치범이었는데요. 미국에서 일어난 실제 사건입니다. 지나가던 운전자는 어떻게 알고 신고했을까요? 바로 소녀의 인사를 유심히 봤기 때문입니다. 그림 속 손 동작은 사실 인사가 아니라, 납치나 가정 폭력과 같이 소리를 낼 수 없는 위기 상황에서 보내는 구조 요청 신호입니다.

먼저 엄지를 접고, 주먹을 쥐면 됩니다. 추가로 누군가 손바닥에 검은 점을 보여 준다면(블랙닷 캠페인) 도움을 청하는 간절한 신호이니 주위에 꼭 알려 주세요.

응급의학과 전문의 Tip

가해자의 감시 하에 신고가 어려울 경우 112에 문자로 신고하는 것이 가능합니다.

오늘도 반드시 살아남는다

초판 1쇄 발행 2024년 9월 4일

지은이 인생2회차
펴낸이 박영미
펴낸곳 포르체

책임편집 이경미
마케팅 정은주 박우영
디자인 황규성
감수 곽경훈
일러스트 정민영

출판신고 2020년 7월 20일 제2020-000103호
전화 02-6083-0128 | **팩스** 02-6008-0126
이메일 porchetogo@gmail.com
포스트 https://m.post.naver.com/porche_book
인스타그램 www.instagram.com/porche_book

ⓒ 인생2회차 (저작권자와 맺은 특약에 따라 검인을 생략합니다.)
ISBN 979-11-93584-63-7 (13590)

여러분의 소중한 원고를 보내주세요.
porchetogo@gmail.com